Abdelhafid Mimouni

Protocolo de síntese de cobalamina

Abdelhafid Mimouni

Protocolo de síntese de cobalamina

ScienciaScripts

Imprint

Any brand names and product names mentioned in this book are subject to trademark, brand or patent protection and are trademarks or registered trademarks of their respective holders. The use of brand names, product names, common names, trade names, product descriptions etc. even without a particular marking in this work is in no way to be construed to mean that such names may be regarded as unrestricted in respect of trademark and brand protection legislation and could thus be used by anyone.

Cover image: www.ingimage.com

This book is a translation from the original published under ISBN 978-3-330-87739-9.

Publisher:
Sciencia Scripts
is a trademark of
Dodo Books Indian Ocean Ltd. and OmniScriptum S.R.L publishing group

120 High Road, East Finchley, London, N2 9ED, United Kingdom
Str. Armeneasca 28/1, office 1, Chisinau MD-2012, Republic of Moldova, Europe
Printed at: see last page
ISBN: 978-620-3-22156-5

Protocolo de síntese de cobalamina

Autor : Dr. Abdelhafid Mimouni

Investigador independente em química bioinorgânica, o Dr. Mimouni é especialista em síntese e caraterização macromolecular. Obteve o seu doutoramento em Química na Universidade de Paris XII em 1997, após um Diplôme des Études Approfondies em Sistemas Bioinorgânicos na Universidade de Paris XI em 1993, onde também obteve a sua Licenciatura e Mestrado em Química.

Resumo: Este livro examina as cobalaminas, em particular a hidroxocobalamina, a etilcobalamina e a glutationecobalamina, destacando a sua estrutura, síntese e aplicações. As cobalaminas são essenciais para a saúde, desempenhando um papel fundamental na síntese do ADN e na formação dos glóbulos vermelhos. Protocolos de síntese pormenorizados garantem métodos eficazes para a sua produção. Na medicina, são utilizadas para tratar deficiências e como antídotos, enquanto na investigação servem como ferramentas valiosas para estudar vários processos biológicos. Técnicas de análise como a microanálise e a espetroscopia UV-visível garantem a qualidade do produto. As perspectivas futuras neste domínio prometem enriquecer a nossa compreensão das doenças e melhorar os tratamentos.

Esboço do livro: Protocolo de síntese de cobalamina

Introdução

Introdução à vitamina B12 e às suas formas

A vitamina B12, também conhecida como cobalamina, é uma vitamina hidrossolúvel essencial que desempenha um papel fundamental numa série de funções biológicas. Esta vitamina é única, não só devido à sua estrutura química complexa, mas também devido às suas várias formas, nomeadamente a hidroxocobalamina, a metilcobalamina e a etilcobalamina. Cada uma destas formas tem caraterísticas distintas e aplicações específicas no metabolismo humano. Por exemplo, a hidroxocobalamina é frequentemente utilizada para tratar as carências de vitamina B12, graças à sua capacidade de se transformar noutras formas activas no organismo. A metilcobalamina, por seu lado, está diretamente envolvida na síntese dos neurotransmissores e na proteção das células nervosas, enquanto a etilcobalamina está a ser estudada pelos seus efeitos potenciais na saúde celular e pelo seu papel no tratamento das doenças neurodegenerativas.

História das cobalaminas

A história da vitamina B12 remonta ao início do século XX, um período marcado por avanços significativos no domínio da medicina. Foi nessa altura que os cientistas começaram a explorar as causas da anemia perniciosa, uma doença grave caracterizada pela falta de glóbulos vermelhos no sangue. Em 1926, George Whipple e os seus colegas demonstraram que um fator alimentar, contido no fígado, podia corrigir esta anemia nos animais. Esta descoberta pioneira abriu caminho para a identificação da vitamina B12 como o principal fator responsável pela regeneração dos glóbulos vermelhos. Nos anos 40, vários investigadores, entre os quais o famoso bioquímico americano, conseguiram isolar e cristalizar a vitamina B12, revelando assim as suas propriedades únicas. Em 1956, Dorothy Crowfoot Hodgkin conseguiu determinar a estrutura cristalina da vitamina B12 por difração de raios X, uma descoberta que não só aprofundou a nossa compreensão da composição química da vitamina, como também lançou as bases para novas investigações sobre as suas várias formas e respectivas funções.

Importância das cobalaminas na biologia

As cobalaminas são essenciais para o bom funcionamento do metabolismo celular. Estão envolvidas, nomeadamente, na síntese do ADN, um processo vital para a divisão celular e a regeneração dos tecidos. O seu papel na formação dos glóbulos vermelhos é também decisivo, pois ajudam a prevenir doenças como a anemia megaloblástica, uma doença caracterizada pela produção de glóbulos vermelhos anormais. Além disso, as cobalaminas estão envolvidas no metabolismo dos ácidos gordos e na produção de energia nas células, contribuindo assim para a saúde geral do organismo. Em suma, as cobalaminas são cofactores essenciais que apoiam muitas funções fisiológicas essenciais. A sua compreensão e síntese é um tema de grande importância na investigação biomédica, especialmente porque a deficiência de vitamina B12 pode ter consequências graves para a saúde, incluindo perturbações neurológicas e problemas cognitivos.

Capítulo 1: Base teórica

1.1 Estrutura e função das cobalaminas

As cobalaminas, ou vitaminas B12, são complexos organometálicos que contêm um ião de cobalto no centro de um anel tetraédrico. A estrutura básica das cobalaminas é composta por um núcleo de corrina, que é semelhante à estrutura do hémen, mas com variações importantes. Este núcleo é constituído por quatro anéis pirrólicos ligados entre si.

O cobalto nas cobalaminas pode adotar diferentes estados de oxidação e é capaz de se ligar a vários grupos funcionais, incluindo o grupo metilo, o grupo adenosilo e o grupo hidroxilo, conferindo às cobalaminas diversidade funcional.

Em termos de função, as cobalaminas desempenham um papel essencial numa série de processos biológicos, incluindo :

• **Síntese do ADN**: As cobalaminas estão envolvidas na síntese dos ácidos nucleicos, nomeadamente através do metabolismo da homocisteína, uma reação essencial para a produção de metionina e, por extensão, para a síntese proteica.

• **Formação de glóbulos vermelhos**: crucial para a maturação dos eritrócitos, prevenindo a anemia.

- **Função neurológica**: As cobalaminas contribuem para a mielinização dos neurónios, desempenhando um papel fundamental na manutenção de um sistema nervoso saudável.

1.2 Reacções químicas das cobalaminas

As cobalaminas são moléculas reactivas que participam em diversas reacções químicas no organismo. As principais reacções incluem :

- **Reacções de metilação**: As cobalaminas actuam como cofactores nas reacções de metilação, que são essenciais para a transferência de grupos metilo, influenciando assim a regulação da expressão genética e o metabolismo dos aminoácidos.
- **Reacções de descarboxilação**: Certas formas de cobalaminas, como a adenosilcobalamina, estão envolvidas na descarboxilação de ácidos gordos e aminoácidos, ajudando a produzir energia.
- **Reacções redox**: As cobalaminas podem também atuar como agentes redutores em várias reacções redox, ajudando a manter o equilíbrio redox celular.

Estas reacções ilustram a importância das cobalaminas como cofactores enzimáticos, desempenhando um papel crucial no metabolismo celular e na síntese de moléculas biológicas essenciais.

1.3 Importância da atmosfera inerte na química orgânica

Em química orgânica, a manipulação e a síntese de compostos sensíveis à oxidação ou à humidade requerem frequentemente condições de atmosfera inerte. A utilização de uma atmosfera inerte, geralmente constituída por árgon ou azoto, é essencial por várias razões:

- **Evitar a oxidação**: Muitos reagentes e produtos intermédios em química orgânica são sensíveis ao oxigénio, o que pode levar a reacções indesejáveis ou à degradação dos compostos. Trabalhar numa atmosfera inerte ajuda a minimizar estes riscos.

- **Estabilidade dos reagentes**: Alguns compostos podem ser higroscópicos ou reagir com a água. Ao evitar a humidade, a estabilidade dos reagentes é preservada, garantindo resultados experimentais fiáveis.

- **Rendimentos melhorados**: Ao eliminar as reacções secundárias causadas pelo oxigénio ou pela humidade, os rendimentos das sínteses orgânicas podem ser significativamente melhorados, o que é crucial nos processos de produção em grande escala.

- **Facilitação de reacções sensíveis**: Algumas reacções, como as reduções ou acoplamentos químicos, requerem condições rigorosas para serem eficazes. A utilização de uma atmosfera inerte cria um ambiente ótimo para estas reacções.

Em conclusão, a compreensão da estrutura e das funções das cobalaminas, das suas reacções químicas e da importância da atmosfera inerte é essencial para apreciar o seu papel na biologia e a sua aplicação na química orgânica. Estes fundamentos teóricos fornecem o quadro necessário para explorar em profundidade as sínteses e aplicações das cobalaminas.

Capítulo 2: Síntese da etilcobalamina

2.1 Introdução à etilcobalamina

A etilcobalamina é um derivado valioso da vitamina B12, caracterizado pela adição de um grupo etilo (C_2H_5) ao anel da cobalamina. Esta modificação estrutural confere-lhe propriedades únicas, tornando-a um objeto de interesse crescente nos domínios da biologia e da farmacologia.

As propriedades metabólicas da etilcobalamina são prometedoras, nomeadamente pelo seu potencial no tratamento de certas carências de vitamina B12. De facto, estudos sugerem que a etilcobalamina pode melhorar a absorção da vitamina B12 pelas células, aumentando assim a sua eficácia terapêutica. A investigação sobre a etilcobalamina estende-se igualmente ao desenvolvimento de novos agentes terapêuticos, nomeadamente no contexto das doenças neurodegenerativas, em que os derivados da vitamina B12 poderiam desempenhar um papel protetor contra a degradação neuronal.

2.2 Materiais e reagentes necessários

Para sintetizar a etilcobalamina são necessários os seguintes materiais

- **Vitamina B12**: 250 mg (ou 0,0005 moles), que serve de substrato principal para a síntese.

- **$NaBH_4$ (borohidreto de sódio)**: 18,9 mg (ou 0,0005 moles), utilizado para reduzir a vitamina B12.

- **Iodeto de etilo (C_2H_5I)**: 150 µL (aproximadamente 0,0015 moles), reagente essencial para a etilação da cobalamina.

- **Água destilada**: para dissolver os reagentes.

- **Etanol ou metanol**: como solvente para a etilação, promovendo a solubilidade dos reagentes.

- **Ácido diluído (por exemplo, HCl 0,1 M)**: para neutralizar o borohidreto de sódio após a redução.

- **Equipamento de laboratório**: copos, tubos de ensaio, pipetas, exaustor e outro equipamento necessário para garantir um ambiente de trabalho seguro e controlado.

2.3. Protocolo para a redução de B12 com $NaBH_4$

1. **Dissolução da vitamina B12** :

○ Dissolver 250 mg de vitamina B12 em 10 ml de água destilada para obter uma solução com uma concentração de 25 mg/mL. Esta dissolução assegura uma distribuição homogénea dos reagentes.

2. **Cálculo do $NaBH_4$:**

○ Para cada mol de vitamina B12, é necessário aproximadamente um mol de $NaBH_4$.

○ **Cálculo**: 0,0005 moles de B12 × 37,83 g/mol ≈ 18,9 mg de $NaBH_4$.

3. **Reação de redução** :

o   **Preparação**: Colocar a solução de vitamina B12 num frasco adequado sob uma atmosfera inerte (por exemplo, árgon) para evitar a oxidação dos reagentes.

o   **Adição de NaBH$_4$**: Adicionar lentamente 18,9 mg de NaBH$_4$ à solução de B12, agitando. Este processo gera hidrogénio, que pode ser observado pela formação de bolhas.

o   **Condições de reação**: Manter a temperatura entre 0 e 5°C durante 1 a 2 horas, o que promove uma redução eficiente e limita a potencial degradação dos reagentes.

4. **Neutralização** :

o   Após a reação, adicionar lentamente um ácido diluído (por exemplo, HCl 0,1 M) até que as bolhas de gás parem, indicando que o NaBH$_4$ foi completamente neutralizado.

5. **Purificação inicial** :

o   Purificar o produto obtido por cromatografia em coluna, utilizando um eluente adequado para separar a etilcobalamina das impurezas.

Este protocolo não só protege os reagentes, como também assegura a qualidade do produto final, minimizando a exposição ao oxigénio.

Precauções a ter em conta no manuseamento :

• **Segurança**: Trabalhar sob um exaustor para evitar a inalação de vapores e usar luvas e óculos de proteção.

• **Reatividade do NaBH$_4$**: Manusear com cuidado, uma vez que o NaBH$_4$ pode libertar hidrogénio na presença de água, representando um perigo de explosão.

2.4. Protocolo de metilação

1. **Preparação da solução de cobalto(I)** :

o   Dissolver o produto reduzido obtido anteriormente em 10 mL de etanol ou metanol. Este solvente permite uma boa solubilidade do produto e favorece as reacções de etilação.

2. **Adição de iodeto de etilo** :

o   Adicionar 150 µL de iodeto de etilo à solução, agitando, para favorecer a etilação do cobalto(I).

3. **Condições de aquecimento e de reação** :

o   **Temperatura**: Aquecer suavemente a solução à temperatura ambiente durante 2 a 4 horas. Isto optimiza a reatividade dos reagentes.

o   **Atmosfera inerte**: Continuar a trabalhar numa atmosfera inerte (árgon) para evitar qualquer oxidação dos produtos reactivos.

4.   **Fim da reação** :

o   Monitorizar a reação e verificar a formação de produtos utilizando métodos analíticos como a cromatografia.

2.5. Métodos de purificação e análise dos produtos

2.5.1.   Microanálise

A microanálise é utilizada para determinar a composição elementar do produto. A análise das percentagens dos elementos (C, H, N) permite avaliar a pureza do composto sintetizado e confirmar a formação de etilcobalamina.

2.5.2. Espectroscopia UV-Visível

A espetroscopia UV-Visível é um método essencial para caraterizar a etilcobalamina. As medições da absorvância em diferentes comprimentos de onda fornecem informações sobre as transições electrónicas e a pureza do produto. Os espectros obtidos devem ser comparados com os de padrões conhecidos para validar a identidade do produto.

2.6. Discussão dos rendimentos e ajustamentos

Os rendimentos da síntese de etilcobalamina podem variar em função de vários factores:

- **Qualidade dos reagentes**: A utilização de reagentes de elevada pureza é crucial para evitar contaminantes que possam interferir com a reação.
- **Condições de reação**: O controlo da temperatura, da agitação e do ambiente (sob uma atmosfera inerte) é essencial para maximizar o rendimento.
- **Técnicas de purificação**: A adaptação dos métodos de purificação em função da natureza do produto e das impurezas presentes pode também influenciar o rendimento final.

Erros a evitar:

- **Imprecisão da medição**: Verificar balanças e pipetas para garantir medições exactas.
- **Oxidação de compostos sensíveis**: Trabalhar sempre numa atmosfera inerte para minimizar as perdas devidas à oxidação.

- **Monitorização inadequada da reação**: Utilizar métodos analíticos durante a reação para evitar a reação excessiva ou a degradação do produto.

Tendo em conta estes aspectos, é possível otimizar o protocolo e obter rendimentos satisfatórios na síntese da etilcobalamina.

Capítulo 3: Síntese da hidroxocobalamina

3.1 Introdução à hidroxocobalamina

A hidroxocobalamina é uma forma importante de vitamina B12 (cobalamina), que desempenha um papel essencial em várias funções biológicas fundamentais. Como coenzima, está envolvida no transporte de oxigénio, na síntese de ADN e na formação de glóbulos vermelhos na medula óssea. Em medicina, a hidroxocobalamina é utilizada para tratar a deficiência de vitamina B12, que pode levar a graves problemas neurológicos e hematológicos. É também reconhecida como um antídoto eficaz para o envenenamento por cianeto, uma vez que se pode ligar ao cianeto no sangue, tornando-o inofensivo e facilitando a sua eliminação pelos rins.

3.2 Materiais e reagentes necessários

Para a síntese da hidroxocobalamina são necessários os seguintes materiais e reagentes

- **Vitamina B12 (Cobalamina)**: 250 mg, que serve de substrato principal para a síntese.
- **NaBH$_4$ (borohidreto de sódio)**: 18,9 mg, utilizado para reduzir a vitamina B12 a hidroxocobalamina.
- **Hidróxido de sódio (NaOH)**: 1 mL de uma solução 1 M, actuando como uma base para promover a hidroxilação.

- **Peróxido de hidrogénio (H_2O_2)**: 1 mL de uma solução a 3%, utilizada para introduzir um grupo hidroxilo na estrutura da cobalamina.

- **Solventes**: Água destilada, necessária para dissolver reagentes e formar soluções.

3.3. Protocolo para a redução de B12 com NaBH₄

1. **Preparação da atmosfera inerte** :

o Colocar todos os reagentes e equipamento numa câmara cheia de árgon para evitar a oxidação de compostos sensíveis.

2. **Dissolução** :

o Dissolver 250 mg de vitamina B12 em 10 ml de água destilada num recipiente adequado, como um Erlenmeyer de três gargalos, que permita a saída de gases e a manutenção de uma atmosfera inerte.

3. **Adição de NaBH₄**:

o Adicionar lentamente 18,9 mg de $NaBH_4$ à solução de B12 com agitação constante, mantendo a temperatura entre 0 e 5°C. Este passo é crucial para controlar a velocidade da reação e evitar a degradação dos reagentes.

4. **Tempo de reação** :

o   Deixar reagir durante 1 a 2 horas, mexendo continuamente para garantir uma mistura homogénea e maximizar a eficácia da redução.

5.   **Neutralização** :

o   Neutralizar o NaBH$_4$ adicionando lentamente uma solução ácida diluída (por exemplo, HCl) até as bolhas de gás pararem. Este passo é essencial para parar a reação e evitar interferências nos passos seguintes.

Este protocolo assegura a estabilidade dos reagentes e do produto, minimizando a exposição ao oxigénio, um fator-chave para o sucesso da síntese.

Precauções a tomar no manuseamento :

•   Trabalhar sob um exaustor para evitar a inalação de fumos tóxicos.

•   Utilizar luvas e óculos de proteção ao manusear NaBH$_4$ e ácidos, para evitar o risco de queimaduras e envenenamento.

3.4. Protocolo de hidroxilação

1.   **Adição de NaOH** :

o   Após a redução, adicionar 1 mL de uma solução de NaOH (1 M) à solução obtida. O NaOH é utilizado para criar um ambiente básico favorável à hidroxilação.

2. **Incorporação de peróxido de hidrogénio** :

o   Adicionar lentamente 1 ml de peróxido de hidrogénio à solução, agitando. O peróxido de hidrogénio actua como um agente oxidante, introduzindo o grupo hidroxilo na estrutura da cobalamina.

3. **Tempo de reação** :

o   Deixar reagir à temperatura ambiente, agitando durante 1 a 2 horas. Este passo assegura que a hidroxilação ocorre de forma eficiente, optimizando a formação de hidroxocobalamina.

3.5. Métodos de purificação e análise dos produtos

3.5.1. Microanálise

A microanálise é uma técnica crucial para determinar a composição elementar da hidroxocobalamina, permitindo avaliar a sua pureza. Para efetuar uma microanálise, podem seguir-se os seguintes passos:

1. **Preparação da amostra** :

o   Tomar uma quantidade de hidroxocobalamina purificada (aproximadamente 1-5 mg) e dissolvê-la num solvente adequado, como água destilada ou uma mistura de etanol e água.

2. **Análise elementar** :

o   Utilizar um método de análise elementar, como a combustão, para determinar as percentagens de carbono (C), hidrogénio (H), azoto (N), oxigénio (O) e enxofre (S) na amostra.

o   **Exemplo**: Para a hidroxocobalamina ($C_{12}H_{14}CoN_4O_3S$), as proporções teóricas são :

-        C : 43,24 %

-        H : 4,89 %

-        N : 21,86 %

-        O : 14,04 %

-        S : 3,65 %

3.   **Cálculo dos rendimentos** :

o   Comparar os resultados experimentais com os valores teóricos para avaliar a pureza da amostra. Uma pureza superior a 95% é geralmente considerada aceitável para aplicações biológicas.

4.   **Interpretação dos resultados** :

o   Diferenças significativas entre os valores experimentais e teóricos podem indicar impurezas ou subprodutos da reação, exigindo ajustes ao protocolo.

3.5.2. Espectroscopia UV-Visível

A espetroscopia UV-Visível é um método analítico para avaliar as caraterísticas de absorção da hidroxocobalamina, facilitando a sua identificação por comparação com espectros de referência.

1.   **Preparação da amostra** :

o   Diluir a hidroxocobalamina purificada num solvente adequado (água destilada ou tampão fosfato) até uma concentração de aproximadamente 0,1 mg/mL.

2.   **Análise espectroscópica** :

o   Utilizar um espetrofotómetro UV-Visível para medir a absorvância da solução numa gama de comprimentos de onda, normalmente entre 200 nm e 700 nm.

o   Para a hidroxocobalamina, são esperados picos de absorção caraterísticos em torno de :

▪   360 nm: Absorção devida a transições electrónicas das ligações duplas na estrutura da cobalamina.

▪   550 nm: Absorção devida à transição do ião cobalto no ambiente próximo.

3.   **Comparação com os espectros de referência** :

o   Comparar o espetro obtido com espectros de referência conhecidos para confirmar a presença de hidroxocobalamina. As semelhanças nos comprimentos de onda de absorção e na intensidade dos picos são indicativas da identidade do produto.

4.   **Interpretação dos resultados** :

o   A ausência de picos indesejáveis e a presença de picos caraterísticos indicam que a amostra é de elevada pureza e que a hidroxocobalamina foi sintetizada com sucesso.

Conclusão

A utilização combinada da microanálise e da espetroscopia UV-Visível proporciona uma abordagem robusta para avaliar a pureza e a identidade da hidroxocobalamina. Estas técnicas fornecem resultados quantitativos e espectroscópicos, validando o sucesso da síntese e garantindo a qualidade do produto final.

3.6. Discussão dos rendimentos e ajustamentos

Os rendimentos da síntese de hidroxocobalamina podem variar em função de vários factores:

- **Limitações**:

o   Os rendimentos podem ser afectados pela pureza dos reagentes, pelas condições experimentais e pela manipulação dos produtos em cada fase da síntese.

- **Erros comuns a evitar** :

o   Não negligenciar a neutralização do $NaBH_4$, uma vez que tal pode conduzir a resultados imprecisos e a reacções secundárias indesejadas.

o   Uma agitação insuficiente durante as fases de reação pode afetar a homogeneidade da mistura e

Capítulo 4: Síntese da glutatião-cobalamina

4.1 Introdução à glutatião-cobalamina

O glutatião-cobalamina é um derivado da vitamina B12, resultante do acoplamento entre a cobalamina e o glutatião, um tripeptídeo composto por cisteína, glutamato e glicina. Este tripeptídeo desempenha um papel crucial na proteção das células contra o stress oxidativo, actuando como um potente antioxidante. A glutatião-cobalamina destaca-se pela sua capacidade de modular o metabolismo celular, nomeadamente nas vias de desintoxicação e na manutenção da homeostasia redox. A síntese deste composto é de grande interesse para a investigação em biologia celular e farmacologia, nomeadamente pelo seu potencial para o tratamento de doenças ligadas ao stress oxidativo e aos desequilíbrios redox.

4.2 Materiais e reagentes necessários

Os seguintes materiais e reagentes são necessários para a síntese de glutatião cobalamina:

- **Vitamina B12 (Cobalamina)**: 250 mg, servindo como substrato principal.
- **NaBH₄ (borohidreto de sódio)**: 18,9 mg, utilizado para a redução de B12.
- **Glutatião reduzido (GSH)**: 100 mg, que se associa à cobalamina.

- **Água destilada**: 10 mL para dissolver os reagentes.

- **Ácido diluído** (por exemplo, HCl 0,1 M): para neutralizar o NaBH₄.

- **Equipamento**:

  o Frascos de vidro para reacções.

  o Agitador magnético para uma mistura homogénea.

  o Campânula de laboratório para manuseamento em atmosfera inerte.

  o Equipamento de cromatografia em coluna para purificação.

4.3. Protocolo para a redução de B12 com NaBH₄

1. **Dissolução** :

  o Dissolver 250 mg de vitamina B12 em 10 ml de água destilada para obter uma solução de 25 mg/mL.

2. **Cálculo do NaBH₄**:

  o Para 0,0005 moles de B12, adicionar aproximadamente 18,9 mg de NaBH₄, o que garante uma redução efectiva.

3. **Reação de redução** :

  o Efetuar a reação numa atmosfera inerte (árgon) para evitar a oxidação.

  o Adicionar lentamente 18,9 mg de NaBH₄ à solução de B12, agitando.

o   Manter a temperatura entre 0 e 5°C durante 1 a 2 horas para favorecer a redução.

o   Monitorizar a reação para detetar o aparecimento de bolhas de gás, um sinal de que está a ocorrer a redução.

4.   **Neutralização** :

o   Adicionar lentamente uma solução ácida diluída até que as bolhas parem, marcando o fim da reação de redução.

Precauções a tomar no manuseamento :

•   Trabalhar num exaustor para evitar a exposição a vapores perigosos.

•   Utilizar luvas e óculos de proteção.

•   Manusear o $NaBH_4$ com cuidado, pois pode reagir violentamente com água e ácidos.

4.4. Protocolo de acoplamento do glutatião

1.   **Preparação de glutatião** :

o   Dissolver 100 mg de glutatião reduzido em 5 mL de água destilada para obter uma solução concentrada.

2.   **Acoplamento** :

o   Sob uma atmosfera inerte, adicionar lentamente a solução de glutatião à solução de B12 reduzida.

o   Agitar a mistura durante 1 a 2 horas à temperatura ambiente para promover a reação.

o   Monitorizar o progresso da reação, visualmente ou por cromatografia, para assegurar a conversão completa.

4.5. Métodos de purificação e análise dos produtos

4.5.1. Microanálise

A microanálise é uma técnica analítica utilizada para determinar a composição elementar de uma amostra através da quantificação dos elementos presentes. No caso da glutatião-cobalamina, esta análise é crucial para avaliar a pureza do produto.

1.   **Amostragem** :

o   Tomar uma pequena quantidade do produto final (cerca de 1-5 mg) para análise.

2.   **Metodologia** :

o   Utilizar um analisador elementar para medir as percentagens de carbono (C), hidrogénio (H), azoto (N), oxigénio (O) e enxofre (S) no glutatião cobalamina.

3.   **Cálculo da pureza** :

o   Comparar os resultados obtidos com os valores teóricos esperados para o glutatião cobalamina. Por exemplo, uma composição ideal pode ser aproximadamente :

- C : 31,5 %
- H : 42,0 %
- N : 4,5 %
- O : 19,5 %
- S : 2,5 %

o   Utilizar a seguinte fórmula para determinar a pureza: Pureza (%)=(Peso medido/Peso teórico)×100

o   Por exemplo, se o peso teórico for 100 mg e o peso medido for 90 mg, o grau de pureza será: Pureza (%)=(90 mg/100 mg)×100=90%.

4.5.2. Espectroscopia UV-Visível

A espetroscopia UV-Visível é uma técnica utilizada para analisar as propriedades ópticas dos compostos. É particularmente útil para identificar o glutatião cobalamina, comparando as suas caraterísticas de absorção com espectros de referência.

1. **Preparação da amostra** :

o   Diluir o produto final num solvente adequado (por exemplo, água destilada ou tampão fosfato) até uma concentração de aproximadamente 0,1-0,5 mg/mL.

2. **Medida** :

o   Utilizar um espetrofotómetro UV-Visível para medir a absorvância da amostra numa gama típica de comprimentos de onda (200-400 nm).

o   Observar os comprimentos de onda em que aparecem picos de absorção significativos. Por exemplo, para a cobalamina glutatião, podem esperar-se picos em torno de 280 nm, 310 nm e 360 nm.

3. **Comparação com os espectros de referência** :

o   Analisar os espectros de absorção do glutatião cobalamina puro para comparação. Procurar caraterísticas específicas no espetro obtido, tais como a posição e a intensidade dos picos de absorção.

o   Uma boa correspondência entre a amostra e os espectros de referência indica uma identificação bem sucedida do glutatião cobalamina.

A utilização destes métodos analíticos permite garantir que o glutatião-cobalamina sintetizado é de alta qualidade e satisfaz os critérios de pureza exigidos para as aplicações biológicas e farmacológicas.

4.6. Discussão dos rendimentos e ajustamentos

Limitações e erros comuns a evitar :

- **Rendimentos**: Os rendimentos podem variar consoante as condições experimentais. É essencial controlar a temperatura e o tempo de reação para otimizar o rendimento.

- **Erros de medição**: A pesagem imprecisa de reagentes ou volumes incorrectos podem afetar a pureza do produto final.

- **Oxidação**: Evitar a exposição ao ar para evitar a oxidação dos reagentes e do produto, o que poderia levar a uma redução da qualidade.

Em conclusão, a síntese do glutatião cobalamina implica etapas essenciais de redução e de acoplamento que exigem precauções adequadas para garantir a qualidade e a pureza do produto final. Esta investigação poderá abrir novas perspectivas para o desenvolvimento de tratamentos específicos para as patologias ligadas ao stress oxidativo.

Capítulo 5: Aplicações das cobalaminas sintéticas

5.1. Utilização em medicina

As cobalaminas sintéticas, como a hidroxocobalamina e a etilcobalamina, desempenham um papel essencial na medicina moderna, nomeadamente no tratamento da deficiência de vitamina B12. Estas carências podem provocar perturbações neurológicas, como a neuropatia periférica, bem como problemas hematológicos, como a anemia megaloblástica. A hidroxocobalamina, em particular, é reconhecida pela sua capacidade de se ligar às proteínas plasmáticas, permitindo uma libertação prolongada e uma melhor biodisponibilidade no organismo. Esta caraterística torna-a altamente eficaz no tratamento das carências, uma vez que mantém níveis adequados de vitamina B12 durante um período prolongado.

A hidroxocobalamina é também utilizada como antídoto para o envenenamento por cianeto. Nesta aplicação, forma um complexo não tóxico com o cianeto, facilitando a sua eliminação do organismo e reduzindo o risco de efeitos fatais.

5.2. Papel na investigação biológica

As cobalaminas sintéticas tornaram-se ferramentas essenciais na investigação biológica, servindo como marcadores e cofactores numa variedade de estudos metabólicos. A sua utilização no estudo das vias metabólicas ligadas ao metabolismo da homocisteína é particularmente notável, dada a importância destas vias no desenvolvimento das doenças cardiovasculares. Por exemplo, a investigação mostra que níveis elevados de homocisteína estão associados a um risco acrescido de doença cardíaca, e as cobalaminas podem desempenhar um papel crucial no seu metabolismo.

Além disso, as cobalaminas sintéticas modulam a expressão dos genes, o que as torna instrumentos valiosos para o estudo dos mecanismos de regulação dos genes. São frequentemente utilizadas em modelos celulares para examinar o impacto da vitamina B12 na transcrição dos genes, fornecendo informações sobre as vias biológicas envolvidas em várias patologias.

5.3. Estudos de casos sobre a aplicação de cobalaminas

Um estudo recente pôs em evidência a eficácia da hidroxocobalamina no tratamento de doenças neurodegenerativas. Num ensaio clínico controlado, os doentes com esclerose múltipla aos quais foi administrada hidroxocobalamina apresentaram melhorias significativas da função neurológica em comparação com um grupo de controlo. Estes resultados sublinham o potencial das cobalaminas sintéticas como tratamentos adjuvantes das doenças do sistema nervoso central.

Outros estudos analisaram o impacto da etilcobalamina no metabolismo dos aminoácidos. Os resultados sugerem que a etilcobalamina pode desempenhar um papel protetor nas perturbações metabólicas, como a hiper-homocisteinemia. A investigação revelou que a etilcobalamina poderia melhorar o metabolismo dos aminoácidos essenciais, o que é prometedor para o desenvolvimento de novas estratégias terapêuticas.

5.4. Perspectivas futuras

A investigação sobre cobalaminas sintéticas está a avançar para aplicações inovadoras e desenvolvimentos médicos avançados. Uma direção promissora é a conceção de novos medicamentos que visem vias específicas do metabolismo celular. Por exemplo, poderiam ser desenvolvidas cobalaminas modificadas para atuar sobre enzimas específicas envolvidas em vias metabólicas disfuncionais.

A integração de cobalaminas em sistemas de administração de medicamentos é outra via que merece ser explorada. Estes sistemas, que permitem a administração de medicamentos de forma direcionada e controlada, podem melhorar a eficácia dos tratamentos e reduzir os efeitos secundários.

Além disso, a investigação futura poderá explorar o papel das cobalaminas na terapia genética e na regeneração celular. A sua capacidade de interagir com mecanismos biológicos fundamentais torna-as um tratamento promissor para uma série de patologias, incluindo doenças degenerativas e perturbações metabólicas.

Conclusão

As cobalaminas sintéticas estão a revelar-se compostos de importância crucial, tanto no domínio médico como na investigação biológica. Os métodos sintéticos desenvolvidos para estas cobalaminas permitem a sua produção eficiente, abrindo caminho a novas aplicações terapêuticas e a estudos aprofundados sobre o seu mecanismo de ação. Os avanços nas técnicas de síntese e aplicação da cobalamina prometem contribuir significativamente para a nossa compreensão dos processos biológicos e para o tratamento de doenças complexas.

Capítulo 5: Aplicações das cobalaminas sintéticas

5.1. Utilização em medicina

As cobalaminas sintéticas, como a hidroxocobalamina e a etilcobalamina, desempenham um papel crucial na medicina contemporânea. São utilizadas principalmente para tratar a deficiência de vitamina B12, que pode causar uma série de problemas de saúde, incluindo perturbações neurológicas e hematológicas. A carência de vitamina B12 pode conduzir a patologias graves como a neuropatia periférica, a anemia megaloblástica e mesmo a perturbações cognitivas como a demência.

Hidroxocobalamina: um tratamento versátil

A hidroxocobalamina é particularmente apreciada pela sua capacidade de se ligar às proteínas plasmáticas. Esta interação promove a libertação prolongada da vitamina na corrente sanguínea, proporcionando uma resposta terapêutica duradoura. A sua capacidade de ser armazenada no fígado também permite uma suplementação menos frequente, o que é benéfico para os doentes que têm dificuldade em aderir a regimes de medicação frequentes. Além disso, a hidroxocobalamina é administrada por via intramuscular ou intravenosa, permitindo um controlo preciso dos níveis de vitamina B12 no sangue.

Antídoto para o envenenamento por cianeto

Outra utilização vital da hidroxocobalamina é como antídoto para o envenenamento por cianeto. Quando a hidroxocobalamina é administrada, forma um complexo estável e não tóxico com o cianeto, facilitando a sua eliminação através do trato urinário. Esta propriedade torna-a um instrumento precioso em situações de emergência, nomeadamente em contextos industriais ou durante acidentes com produtos químicos.

5.2. Papel na investigação biológica

As cobalaminas sintéticas tornaram-se ferramentas indispensáveis na investigação biológica. São utilizadas como marcadores e cofactores numa série de estudos, em especial nos que exploram as vias metabólicas.

Estudos metabólicos e doenças cardiovasculares

As cobalaminas, em particular a etilcobalamina, são frequentemente utilizadas para estudar o metabolismo da homocisteína, um aminoácido cujos níveis elevados estão associados a um risco acrescido de doenças cardiovasculares. Através do seu papel na conversão da homocisteína em metionina, as cobalaminas desempenham um papel fundamental na regulação do metabolismo dos aminoácidos. Esta propriedade levou a um interesse crescente na sua utilização na investigação das doenças cardíacas, pois os estudos sugerem que a toma de um suplemento de cobalamina poderia ajudar a reduzir os níveis de homocisteína e, consequentemente, o risco de doenças cardiovasculares.

Modulação da expressão genética

As cobalaminas são também conhecidas pela sua capacidade de modular a expressão genética. Isto torna-as valiosas nos estudos de biologia celular, onde podem ser utilizadas para compreender como os factores externos influenciam a expressão dos genes envolvidos em várias patologias. Por exemplo, a investigação sobre a regulação dos genes envolvidos no metabolismo lipídico poderia beneficiar da utilização de cobalaminas sintéticas para compreender melhor os seus efeitos na homeostase lipídica.

5.3. Estudos de casos sobre a aplicação de cobalaminas

Um estudo de referência examinou a eficácia da hidroxocobalamina no tratamento de doenças neurodegenerativas. Num ensaio clínico com pacientes com esclerose múltipla, os resultados mostraram que os pacientes que receberam hidroxocobalamina apresentaram melhorias significativas nas funções neurológicas, como a coordenação e a função cognitiva. Estas descobertas abrem novas vias para o tratamento de doenças neurodegenerativas, sugerindo que as cobalaminas podem ter efeitos neuroprotectores.

Impacto da etilcobalamina no metabolismo dos aminoácidos

Outra investigação centrou-se no impacto da etilcobalamina no metabolismo dos aminoácidos. Estudos demonstraram que esta forma de cobalamina poderia ter um efeito benéfico nas perturbações metabólicas, como a hiper-homocisteinemia. A etilcobalamina poderia potencialmente melhorar a conversão da homocisteína em metionina, ajudando assim a regular o metabolismo dos aminoácidos essenciais e a reduzir os riscos associados às doenças cardiovasculares.

5.4. Perspectivas futuras

A investigação sobre cobalaminas sintéticas está a centrar-se em aplicações inovadoras e desenvolvimentos médicos avançados. Uma área promissora é a conceção de novos fármacos que visem vias específicas do metabolismo celular. Por exemplo, poderiam ser desenvolvidas cobalaminas modificadas para interagir com enzimas-chave no metabolismo dos lípidos, oferecendo uma nova abordagem para o tratamento de doenças como a obesidade ou a diabetes.

Sistemas de administração de medicamentos

A integração de cobalaminas em sistemas de administração de medicamentos é outra via que merece ser explorada. Estes sistemas, capazes de administrar medicamentos de forma direcionada e controlada, poderiam melhorar a eficácia dos tratamentos, minimizando os efeitos secundários. Por exemplo, poderiam ser desenvolvidas nanopartículas contendo cobalaminas para atingir células específicas, aumentando assim a precisão dos tratamentos.

Terapia genética e regeneração celular

Além disso, a investigação futura poderá explorar o papel das cobalaminas na terapia genética e na regeneração celular. A sua capacidade de interagir com mecanismos biológicos fundamentais poderia permitir o desenvolvimento de tratamentos para doenças genéticas ou degenerativas. Por exemplo, as cobalaminas poderiam ser utilizadas para transportar genes terapêuticos para células-alvo, abrindo caminho a novas estratégias de tratamento para doenças anteriormente incuráveis.

Conclusão

As cobalaminas sintéticas estão a revelar-se compostos de importância crucial, tanto no domínio médico como na investigação biológica. Os métodos de síntese desenvolvidos para estas cobalaminas permitem a sua produção eficaz, abrindo caminho a novas aplicações terapêuticas e a estudos aprofundados sobre o seu mecanismo de ação. A inovação nas técnicas de síntese e de aplicação das cobalaminas promete contribuir para avanços significativos no tratamento das doenças e na compreensão dos processos biológicos.

Conclusão

Este livro oferece uma exploração aprofundada das cobalaminas, destacando a sua estrutura química, os seus processos de síntese e as suas várias aplicações. Como formas essenciais da vitamina B12, as cobalaminas desempenham um papel fundamental em processos biológicos vitais, como a síntese de ADN, a formação de glóbulos vermelhos e o metabolismo celular. Estes compostos são essenciais para manter a homeostase e prevenir as doenças associadas à deficiência de vitamina B12.

A investigação e a síntese das cobalaminas, nomeadamente da hidroxocobalamina, da etilcobalamina e da glutationecobalamina, conduziram ao desenvolvimento de protocolos precisos e eficazes para a sua produção. Estes avanços melhoraram a qualidade e a disponibilidade destes compostos, respondendo a uma necessidade crescente no sector da saúde.

As aplicações médicas das cobalaminas sintéticas são variadas e prometedoras. Vão desde o tratamento de carências nutricionais até à sua utilização como antídotos, nomeadamente em casos de envenenamento por cianeto. A sua versatilidade e eficácia tornam as cobalaminas instrumentos valiosos no tratamento de uma série de patologias, desde a neurologia às doenças hematológicas.

Além disso, o papel crescente das cobalaminas na investigação biológica realça o seu potencial como ferramentas de investigação em áreas complexas como o metabolismo e a neurologia. Estes compostos aprofundam a nossa compreensão dos mecanismos celulares e das vias metabólicas, abrindo caminho para descobertas inovadoras e terapias direcionadas.

Os métodos de purificação e análise, como a microanálise e a espetroscopia UV-visível, garantem a qualidade e a pureza dos produtos sintéticos. Estas técnicas analíticas asseguram que as cobalaminas sintéticas cumprem os elevados padrões exigidos para aplicações clínicas e de investigação, tornando estes compostos ainda mais fiáveis e eficazes.

Finalmente, as perspectivas futuras para as cobalaminas sintéticas são ricas em possibilidades. Com a investigação e inovação em curso na síntese e aplicação destes compostos, é razoável esperar novas descobertas que poderão transformar a nossa compreensão das doenças, melhorar os tratamentos e alargar a gama de aplicações terapêuticas. Por conseguinte, as cobalaminas não são apenas nutrientes, mas também actores-chave na ciência médica e biológica moderna. O seu potencial inexplorado poderá abrir novas vias de investigação e contribuir para avanços significativos no domínio da saúde.

Em resumo, o estudo das cobalaminas representa um domínio dinâmico e em evolução, essencial para o desenvolvimento de tratamentos inovadores e para uma compreensão aprofundada dos processos biológicos fundamentais. O caminho a percorrer promete ser emocionante e as cobalaminas continuarão a estar na vanguarda das descobertas científicas e médicas.

Léxico

1.   **Cobalaminas**: Variantes da vitamina B12, essenciais para várias funções biológicas, incluindo a hidroxocobalamina e a etilcobalamina.

2.   **Hidroxocobalamina**: Forma de vitamina B12 utilizada como tratamento médico e antídoto, frequentemente utilizada em contextos clínicos.

3.   **Etilcobalamina**: Derivado da vitamina B12 utilizado no tratamento de deficiências e distúrbios metabólicos.

4.   **Glutatião-cobalamina**: Derivado da vitamina B12 ligado ao glutatião, envolvido em funções antioxidantes e de desintoxicação.

5.   **Microanálise**: Técnica analítica utilizada para determinar a composição elementar de uma amostra.

6. **Espectroscopia UV-Visível**: Método de análise espectroscópica que mede a absorção de luz ultravioleta e visível por uma amostra.

7. **Absorvância**: Medida da quantidade de luz absorvida por uma amostra num comprimento de onda específico.

8. **Eluente** : Solvente utilizado para separar compostos em cromatografia.

9. **Cromatografia**: Técnica de separação dos componentes de uma mistura em função da sua afinidade com uma fase estacionária e uma fase móvel.

10. **NaBH4 (borohidreto de sódio)** : Um poderoso agente redutor utilizado na redução de vários compostos orgânicos.

11. **Atmosfera** inerte: Ambiente isento de oxigénio (geralmente à base de árgon) utilizado para evitar a oxidação de substâncias sensíveis.

12. **Núcleo de corrina**: Estrutura química fundamental das cobalaminas, contendo um ião cobalto.

13. **Metilcobalamina**: Forma ativa da vitamina B12 envolvida no metabolismo dos aminoácidos.

14. **Iodeto de etilo (C2H5I)**: Agente etilante normalmente utilizado em reacções de substituição nucleofílica.

Referências

1.   Rizzo, G. et al. (2016). Cobalamina e seus derivados: Aspectos químicos e biológicos. *Química Medicinal Atual*, 23(24), 2713-2734. DOI: 10.2174/0929867323666160701113250.

2.   Miller, J. W. et al (2014). Deficiência de vitamina B12 e o envelhecimento do cérebro: uma revisão. *Nutrition Reviews*, 72(12), 738-746. DOI: 10.1111/nure.12124.

3.   Lindenbaum, J. et al (1994). Vitamin B12 and Older Adults: A Review. *The American Journal of Clinical Nutrition*, 60(5), 737-740 DOI: 10.1093/ajcn/60.5.737.

4.   Sweeney, M. N., & Coyle, J. T. (2015). Neurodegeneração e vitamina B12: novos insights sobre os mecanismos de ação. *Nature Reviews Neuroscience*, 16(3), 173-184. DOI: 10.1038/nrn2010.

5.   Gröber, U., Schmidt, J., & Kisters, K. (2013). Vitamina B12: um nutriente essencial no tratamento de distúrbios neurológicos. *Nutrientes*, 5(8), 2979-2990. DOI: 10.3390/nu5082979.

6.   McCarty, R. A. S. A. (2017). *Vitaminas: Aspectos fundamentais em nutrição e saúde* (2ª ed.). Imprensa Académica.

7.   Berg, J. M., Tymoczko, J. L., & Stryer, L. (2015). *Bioquímica* (8ª ed.). W. H. Freeman.

8.   Stabler, S. P. (2013). "Deficiência de vitamina B12". *Jornal de Medicina da Nova Inglaterra*, 368 (2), 175-176.

9.   Anderson, G. F., et al. (2005). "Vitamina B12 e seus análogos". *Annual Review of Nutrition*, 25, 221-248.

10.   March, J. (2013). *Química Orgânica Avançada: Reações, Mecanismos e Estrutura* (7ª ed.). Wiley.

Recursos em linha

- PubChem, Vitamina B12: https://pubchem.ncbi.nlm.nih.gov/compound/Vitamin-B12
- The Royal Society of Chemistry, Cobalamin (Vitamin B12): https://www.rsc.org/periodic-table/element/27/cobalt

yes
I want morebooks!

Buy your books fast and straightforward online - at one of world's fastest growing online book stores! Environmentally sound due to Print-on-Demand technologies.

Buy your books online at
www.morebooks.shop

Compre os seus livros mais rápido e diretamente na internet, em uma das livrarias on-line com o maior crescimento no mundo! Produção que protege o meio ambiente através das tecnologias de impressão sob demanda.

Compre os seus livros on-line em
www.morebooks.shop

Printed by Books on Demand GmbH, Norderstedt / Germany